ZHONGXIAOXUESHENG ANQUAN YONGDIAN ZHISHI DUBEN

中小学生安全用电

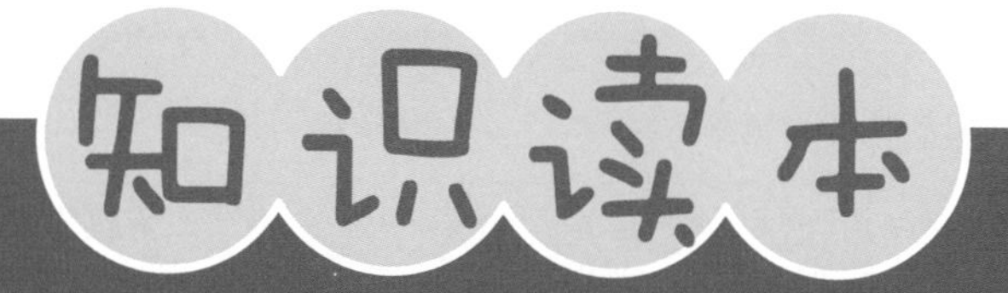

国网浙江省电力有限公司电力科学研究院　编

中国电力出版社
CHINA ELECTRIC POWER PRESS

内 容 提 要

本书分电力基础知识、安全用电常识、急救指导和故事案例四篇，介绍了电的产生、传输和使用，安全用电守则、电器安全使用知识，用电事故及其急救方法等内容。本书语言浅显，辅以图片及生动活泼的漫画形式，帮助中小学生了解安全用电的常识。

本书可供中小学生阅读。

图书在版编目（CIP）数据

中小学生安全用电知识读本 / 国网浙江省电力有限公司电力科学研究院编 . —北京 : 中国电力出版社，2018.8（2022.4重印）

ISBN 978-7-5198-2227-9

Ⅰ . ①中… Ⅱ . ①国… Ⅲ . ①安全用电－青少年读物Ⅳ . ① TM92-49

中国版本图书馆 CIP 数据核字 (2018) 第 155669 号

出版发行：中国电力出版社
地　　址：北京市东城区北京站西街 19 号（邮政编码 100005）
网　　址：http://www.cepp.sgcc.com.cn
责任编辑：刘丽平（010-63412342）
责任校对：王小鹏
装帧设计：张俊霞
责任印制：邹树群

印　刷：北京瑞禾彩色印刷有限公司
版　次：2018 年 8 月第一版
印　次：2022年 4 月北京第三次印刷
开　本：880 毫米 ×1230 毫米 32 开本
印　张：3.75
字　数：81 千字
印　数：7001—8000 册
定　价：25.00 元

编委会

主　编　王正国

副主编　胡若云

成　员　毛燕萍　张　爽　景伟强　丁　麒

章晓明　张　维　石赟超　李慧敏

前言

19 世纪 70 年代，电力的应用拉开了第二次科技革命的序幕，人类社会开始了又一次的快速发展。时至今日，电力的应用愈加广泛、深入，在极大节省人们体力的同时，也延伸了人们的信息触角，为人们打开了一扇扇全新领域的大门。

电力在驱动着人类发展的同时，也对人身、财产造成一定危害。据国家统计局统计，我国每年约有 8000 人死于触电，其中中小学生由于安全用电意识的不完善和自我保护知识及意识的缺乏，成为触电事故高发人群。

国家电网作为国有特大型供电企业，始终坚持奉献社会，将关爱社会、服务社会、回报社会，履行社会责任作为企业理念，将提升安全用电意识，普及安全用电知识作为己任，为此，国网浙江省电力有限公司电力科学研究院“红船”党员服务队联合“心桥”志愿者服务队，围绕中小学生日常学习生活，联合多所中小学校，共同编写了《中小学生安全用电知识读本》，强化中小学生安全用电知识，提升中小学生自我保护能力，助力中小学生健康成长。

《中小学生安全用电知识读本》共分为电力基础知识、安全用电常识、急救指导和故事案例四个篇章，旨在普及电力基础知识，安全用电常识和急救知识，用生动的形式让广大中小学生循序渐进地认识电，掌握安全用电知识。

本书在编制过程中得到了各相关部门领导、专家的大力支持，在此表示由衷的感谢。

编者

2018 年 7 月

目 录

第2篇 安全用电常识

第3篇 急救指导

第 4 篇　故事案例

第1篇

电力基础知识

第1课 电的产生

电力是国民经济的重要支柱，是国家经济发展战略中的重点和先导产业，它的发展是社会进步和人民生活水平不断提高的需要。电力来源很多，主要有火电、水电、风电、太阳能、核电等，接下来我们就一起来了解一下。

1.1　火力发电

火力发电是利用可燃物在燃烧时产生的热能，通过发电动力装置转换成电能的一种发电方式。

与其他发电方式相比，火力发电选址灵活，布厂方便，可有效降低电网输配电耗损，并且火力发电运行平稳、可靠，受环境、气候等不利因素的影响较小，可以有效保障国家的电力供应。火力发电优点显著，其缺点也是非常明显：其一，火力发电资源利用率低，机组运行成本高，能源浪费高；其二，火力发电燃烧会排放大量的烟气、粉尘、废渣和废水，对环境有严重的污染。

火力发电厂

知识链接

北仑电厂位于浙江省宁波市北仑港畔，是我国第一个利用世界银行贷款建设的火力发电厂，于2000年12月16日全部建成投产。

北仑电厂

1.2　水力发电

水力发电

水力发电是利用水位差产生的强大水流，带动水轮发电机，从而产生电力。

比较而言，水力发电不用燃料、成本低、不污染环境，同时发电水工建筑可与防洪、灌溉、给水、航运、养殖等相结合，实现水利资源的综合利用。但是，水力发电在很大程度上受自然条件限制，而且在建设阶段投资巨大，周期也非常长。

知识链接

三峡水利枢纽

三峡水利枢纽位于我国湖北省宜昌市三斗坪镇境内，是当今世界最大的水力发电工程，也是迄今世界上综合效益最大的水利枢纽，集防洪、航运、抗旱、发电于一身，是中华民族的又一个智慧结晶。

1.3　风力发电

风力发电

风力发电是通过风带动风力发电装置，从而将风的动能转化为电能。风能的优势在于它是一种清洁能源，对环境无污染，且风能是可再生能源，永不枯竭。目前风力发电发展遇到的问题主要在于技术尚未完全成熟，成本较高；干扰鸟类飞行，对生态有一定影响。

知识链接

盐湖风力发电场

盐湖风力发电场位于我国乌鲁木齐附近的土乌大高速公路两侧，是亚洲最大的风力发电场。

1.4　太阳能发电

太阳能发电

太阳能发电是利用半导体材料的光电效应，将太阳能转换成电能。

太阳能发电被称为最理想的新能源，无枯竭危险，安全可靠，无噪声，无污染排放，并且不受资源分布地域的限制。可利用建筑屋面的优势，无需消耗燃料和架设输电线路即可就地发电供电。但由于太阳能照射的能量分布密度小，要想获得足够的电能就需要占用巨大的面积，而且，以目前的技术水平来讲，太阳能发电的设备成本高，太阳能利用率较低，尚不能广泛应用。

知识链接

龙羊峡光伏电站

龙羊峡光伏电站位于我国青海省黄河上游的龙羊峡坝附近，自 2013 年开始动工，历时 5 年，是迄今为止世界上规模最大的太阳能发电站。

1.5　核能发电

核能发电

核能发电是利用核反应堆中核裂变所释放出的热能形成蒸汽推动发电机，从而产生电。

核能应用作为缓和世界能源危机的一种经济有效的措施，有着明显的优点：首先，世界上有丰富的核资源，据统计，地球上可供开发的核燃料资源，其提供的能量是矿石燃料的十多万倍；其次，核燃料体积小且能量大，1000 克核燃料的能量相当于 2400 吨标准煤释放的能量；除此之外，核能发电还有污染小、成本低廉等优点。虽然在目前的技术下核能是可控的，但日本福岛核电站事故还是让人对核能在极端情况下的安全性产生一定担忧。对此我们不必谈核色变，相信随着核能技术的不断发展，人们将会越来越信赖核能发电。

知识链接

秦山核电站

秦山核电站位于我国浙江省嘉兴市海盐县秦山镇，2015年1月12日17时，秦山核电站2号机组成功并网发电。至此，秦山核电站成为我国核电机组数量最多、堆型最丰富、装机容量最大的核电基地。

1.6　其他发电方式

1.6.1　潮汐能发电

潮汐能发电

在海湾或感潮河口可以看到海水或江水每天有两次涨落现象，早上的是潮，晚上的是汐。潮汐发电就是利用潮汐现象，通过储水库，在涨潮时将海水储存在水库内，在落潮时放出海水，利用高、低潮位之间的落差，推动水轮机旋转，带动发电机发电。

1.6.2 地热发电

地热发电

地热能是由地壳抽取的天然热能，这种能量来自地球内部的熔岩，并以热力形式存在，是引致火山爆发及地震的能量。地热发电是利用地下热水和蒸汽为动力源的一种新型发电技术。其基本原理与火力发电类似，也是根据能量转换原理，首先把地热能转换为机械能，再把机械能转换为电能。

1.6.3 生物质发电

生物质发电

生物质是指通过光合作用而形成的各种有机体，包括所有的动植物和微生物。生物质发电是利用生物质所具有的生物质能进行发电，是可再生能源发电的一种，包括农林废弃物直接燃烧发电、农林废弃物气化发电、垃圾焚烧发电、垃圾填埋气发电、沼气发电。

你知道我国目前最主要的发电方式是哪种吗？

我国目前的发电仍是以火力发电为主，根据2017年统计数据，各种发电方式的比例为：火力发电72%，水力发电18%，风力发电4.5%，核能发电4%，太阳能及其他发电1.5%。

我国正处于能源转型发展的关键时期，在未来火力发电比例将逐渐降低，可再生能源发电比例将逐步提高。

说一说

你所知道的发电厂有哪些？可以给同学们介绍一下吗？

第2课　电的传输

为了安全和节省发电成本，同时减少发电对城市的污染，发电厂一般都建在远离城市的能源产地或水陆运输比较方便的地方。因此，发电厂发出的电能需要通过输电线进行远距离的输送，以供给千家万户。电力输送过程可分为输电和配电，下面我们一起来了解一下。

2.1 升压

发电厂发出的电能一般要通过输电线路送到各个用电地方。在输电前需进行升压，采用高电压来输电。这是因为电压高，则电流小，线路损耗小。

升压往往依赖升压变电站来实现。升压变电站通常位于发电厂内，将发电机发出的电能升压后再送到高压电网中，为输电做好准备。

升压变电站

2.2　输电

输电也就是电能的输送。按照输送电流性质的不同，输电方式可分为直流输电和交流输电。直流输电和交流输电有着各自的优缺点，下面进行简要介绍。

输电

2.1.1 直流输电

直流输电的优点：

- 线路造价低。对于架空输电线，交流输电使用 3 根导线，而直流一般只要 1 根，能节省大量的线路建设费用。
- 电能损耗小。直流架空输电线只用 1 根或 2 根，导线的电阻损耗较小。

直流输电的缺点：

- 直流换流站比交流变电站投资大。直流换流站的设备比交流变电站复杂，同等容量下，换流站的投资高于相应电压的交流变电站。
- 架构不够灵活。直流输电线难以引出分支，一般只能用于端对端输电，多端直流输电虽可行但成本太昂贵。

2.1.2　交流输电

交流输电的优点：

- 结构灵活，配送方便。交流输电网架构成更加灵活，可引出众多分支，便于配电。
- 设备与技术更成熟。相比直流输电，交流输电的设备齐全，技术成熟，应用更为广泛。

交流输电的缺点：

- 线路造价相对较高。长距离输电中，交流输电线路造价明显高于直流输电线路。
- 电能损耗大。交流输电电能损耗相对较大，在远距离输电时尤为明显。

直流与交流输电方式总结

输电方式	结　构	站点情况	电能损耗	线路造价
直流	不灵活，一般用于端对端输电	直流换流站固定投资较高	较小	较低
交流	灵活，可引出众多分支	交流变电站固定投资较低	较大	较高

2.3 降压

电能经高压输送到指定地点，需要进行降压，以满足不同用户的需要。一般来说，输送到居民家中的电压须降到220伏，输送到工厂的电要降到380伏。

降压的主要设施是降压变电站，它负责将高压电网的电变成低压电，然后传送出去，还兼有电压监视、调节、分配等功能。

降压变电站

你知道交流电和直流电有什么显著不同吗?

交流电方向随时间做周期性变化，而直流电方向是不变的。此外，交流电没有正负极，直流电正负极不能互换。

配一配

下面这些常见的电力设施，你都认识吗？尝试把图片和文字描述搭配起来吧。

1. 变压器：用以升高或降低电压的装置。

2. 变电站：对电压和电流进行变换，接受电能及分配电能的场所。

3. 电线杆：用以架设电线的杆，最常见的是水泥电线杆，少部分为木杆。

4. 输电铁塔：用以架空电线并起保护和支撑作用的塔状钢架结构建筑物，通常建设在发电厂、变电站附近。

答案　1.（C）　2.（B）　3.（A）　4.（D）

第3课　电的使用

相比电的产生和传输，电的使用更加贴近我们的生活。伴随着对电能依赖性的提升，用电已成了我们生活中必不可少的一部分，对于用电想必大家并不陌生。然而，不同性质的用电也各有其特点，下面做简要介绍。

3.1　居民生活用电

居民生活用电主要是指城乡居民家庭住宅，以及机关、部队、学校、企事业单位集体宿舍的生活用电。

居民生活用电特点是用电不具有营利性质，目的是满足居民日常生活的需要。

居民生活用电

3.2 一般工商业用电

一般工商业用电主要包括普通工业用电和商业用电。

- 普通工业用电是指以电为原动力，从事工业生产或维修，受电容量在 3 千瓦以上、在 315 千瓦以下的用电。
- 商业用电是指从事商品交换、提供有偿服务等非公益性场所的用电。

一般工商业用电与居民用电的区别在于用电性质的不同，前者具有营利性，而后者不具有。在电价计算中，除居民生活用电、大工业用电、农业生产用电外的其他用电，也执行一般工商业用电价格。

一般工商业用电

3.3　大工业用电

大工业用电是指以电为原动力，受电变压器总容量在315千伏安及以上的进行工业生产的用电。

大工业用电与居民生活用电的区别在于其用电目的是进行大工业生产，而与一般工业用电的区别是用电规模大。

大工业用电

3.4 农业生产用电

农业生产用电是指农业、林木培育和种植、畜牧业、渔业生产用电，农业灌溉用电，以及农产品初加工用电。

由于农村人口居住比较分散，而且农业生产季节性强，因此农业生产用电具有负荷比较分散，受季节、气候影响较大的特点。

农业生产用电

你知道家庭生活中用电是如何收费的吗？和大家一起交流一下。

第 2 篇

安全用电常识

第4课 安全用电守则

科技的发展使我们越来越享受到电能带给我们的便利，我们对电能的依赖性也越来越强。在日常生活中，用电已经成为了一件习以为常的事，但用电不慎则可能会造成不可挽回的人身危害、财产损失。因此，我们在用电时一定要遵守安全要求，避免进行危险行为。下面让我们一起来了解和熟悉安全用电的基本守则。

4.1 电器使用完及时断电

我们在使用完各种电器后，要随手关闭电源，做到及时断电。这样不仅可以很大程度上避免用电安全事故的发生，同时也有利于节约能源。断电的方式主要是拔下插头或者按下插线板上的电源按键。要注意，拔下插头时要握住插头，不要拉拽电线，否则不仅损坏电线，而且还会有触电危险。

4.2 不用手或导电物接触电源插座

不用手或导电物如铁丝、铁钉、别针等金属制品接触电源插座，否则极易引起触电。当然，更谨慎的做法是除插拔电源插头外，不用任何物品试探电源插座内部。

4.3 不要在插座上连接太多电器

不要在同一个插座上连接太多电器，尤其是大功率电器。因为如果连接的电器总功率过大，电线有可能因电流过大导致烧断，引发火灾。

4.4 不用湿毛巾擦拭电器设备

不纯净的水是导体，因而用湿抹布擦拭电器设备容易引发触电；同时，这种行为也可能会造成电器设备腐蚀，因此不可用湿毛巾擦拭电器设备。

4.5 发现电线老化需立即报告

电线老化是指电线绝缘层老化，失去绝缘功能，一般表现为绝缘皮破损，外表有裂纹。绝缘层老化会引起漏电、短路，从而导致触电或火灾的发生。因此，发现电线老化应立即告诉老师或家长，不要自行处理。

4.6 寝室不得乱用电器设备

学校寝室通常禁止使用大功率用电器如热得快、电吹风、电热毯等，我们应当遵守学校相关规定。因为大功率电器很可能使电线超负荷运行，从而导致电线过热而引起火灾。

4.7 不可攀爬电力设备和电线杆

电力设备和电线杆附近都是触电高危区域，应当远离，切不可贪玩攀爬。

4.8 不可在输电线附近玩耍

在高压输电线附近玩耍，很容易发生电弧触电或者跨步电压触电，危险性大，因此不可在输电线附近逗留，应尽量远离。

4.9　雷电天气不要躲入大树下

由于尖端放电现象的存在，雷电极易击中高大孤立的物体，因此站在孤立的大树下容易被雷电击中而造成伤害。在雷雨天气，我们应尽量进入室内避雨，如无条件也不要在大树、电线杆等高大且有尖端的物体下躲雨。

4.10 注意安全标志

电力设备安全标志能表达特定的安全信息，一般来说，红色标志用来表示危险、禁止信息；黄色标志用来表示警告、注意信息；蓝色标志用来表示指令信息；绿色标志用来表示安全信息、通行标志等。遇到安全标志应认真阅读，尽可能远离危险区域。

避雷针是一种保护建筑物、高大树木等避免雷击的装置，你知道它的原理是什么吗?

避雷针利用了尖端放电的原理，当雷电产生靠近地面时，因为避雷针尖端突出地面，所以“吸引”雷电击中避雷针。而且由于避雷针是接地的，因此可以把雷击能量有效地引入大地，从而保护了建筑物或高大树木。

我们在雷雨天气要远离高大孤立的物体，其背后的原理也是相同的，一旦高大物体吸引了雷电，就有可能将电流导向附近的人，从而造成人身伤害。

第5课　电器安全使用知识

在生活中，我们可以接触到种类繁多的电器，它们的形态、功能大不相同。使用电器已成为生活中一件很平常的事。然而，你有没有注意到这些电器上的认证标志，知道它们传递了什么信息吗？我们在使用这些电器的时候又要注意些什么呢？

下面就让我们来了解一下有关电器安全使用的知识。

5.1　电器认证标志

正规厂家生产的电器的铭牌上一般都有认证标志，它代表该产品已经通过了相关认证机构的检验，这些认证标志通常是产品质量、安全、设计等方面的保证。因此在购买或使用产品前，我们需要先了解下常见的认证标志。

5.1.1　3C 认证

3C（China Compulsory Certification）认证即中国强制性产品认证，统一了原先的国家安全认证（CCEE）、进口安全质量许可制度（CCIB）、中国电磁兼容认证（EMC）。3C 认证是中国政府为保护消费者人身安全和国家安全、加强产品质量管理、依照法律法规实施的一种产品合格评定制度。我国从 2003 年 8 月 1 日起，对电线、电缆、电路开关、机动车辆等 19 大类 132 种产品实行了强制性产品认证制度，对进入产品目录而没有“3C”认证的产品禁止在市场上销售。

3C 认证标志

5.1.2　中国节能认证

节能产品认证是依据我国相关的认证标准和技术要求，按照国际上通行的产品认证规定与程序，经中国节能产品认证管理委员会确认并通过颁布认证证书和节能标志，证明某一产品为节能产品的活动，属于国际上通行的产品质量认证范畴。

中国节能认证标志

5.1.3 CE 认证

CE 认证是欧盟市场的安全性强制认证。CE 认证只限于产品不危及人类、动物和货品的安全方面的基本安全要求，而不是一般质量要求。无论是欧盟内部企业生产的产品，还是其他国家生产的产品，要想在欧盟市场上自由流通，就必须通过 CE 认证，加贴 CE 认证标志。

CE 认证标志

小提示：

CCEE 长城认证标志和国家免检产品标志均已被废止，发现市售的商品加贴相关标志要小心被骗哦！

5.2 电器使用指导

5.2.1 空调

空调的类型按结构主要可分为整体式（窗机）、分体式（分体式又分为壁挂式和柜式）、中央空调三类。在学校和家庭中使用较多的是柜式空调器和壁挂式空调器，两者操作方法基本相同。空调的供电应有专用线路，在专用线路中设有断路器。

在使用空调时需要注意以下事项：

（1）开机前应检查遥控器是否完好，使用遥控器进行操作。

（2）使用过程中尽可能避免几种模式频繁转换，尤其是制冷与制热之间。

（3）空调使用期间禁止移动空调器，避免触碰空调器内部。

（4）应使用遥控器关停空调，不能采用拔出电源插头的方法，以免发生事故。

（5）空调应使用专用插座，其电源线禁止使用加长线以免发生触电、火灾等事故。

（6）严禁用化学喷雾剂喷射正在运转的空调，在空调的附近禁放化学喷雾剂。

（7）空调运转过程若出现异常现象，要立即关闭电源，避免发生火灾或触电现象。

（8）在使用空调过程中，严禁堵塞内外机的风口。

节约用电小知识

5.2.2 电吹风

在我们的生活中电吹风的使用频率很高。有了它，我们洗完头之后能使头发快速变干。电吹风一般可吹热风或冷风。选择热风时，电流通过电热丝会产生热量，风扇吹出的风经过电热丝，就变成热风。如果只是小风扇转动，而电热丝不热，那么吹出来的就不是热风了。

电吹风属于大功率电器，在使用时需要注意的事项有：

（1）先接电源，再开开关。如果用完吹风机后直接拔插头，用的时候直接插插头，将使电吹风接受过高的电压，导致电吹风使用寿命减短。

（2）热度不要过高，尽量选择恒温电吹风机。有些电吹风不是恒温的，而是随着使用时间增加，吹出的风的温度将越来越高。这样不仅会损伤头发，还有可能损害电吹风，产生意外。

（3）有异样时停止使用。当吹风机噪声变大、温度显著升高、风叶不转、吹出异物、出现焦臭味时均要停止使用，拔掉电源，等查出原因排除故障后再使用，否则将可能导致严重后果。

（4）使用完后立即拔插头。使用完电吹风要及时拔下插头，即使因为断电吹风机停止工作，也不要忘记先拔插头，否则容易发生火灾等事故。

（5）电吹风应冷却后妥善保存。要注意待电吹风冷却后再收好。这是因为，电吹风用完后温度比较高，如果放置的地方附近有易燃物则容易引起火灾。放置时也要将电吹风放在干燥通风处，防止发生危险。

5.2.3 电热毯

电热毯是一种通电后能产生热量，供人取暖用的毯子。电热毯与普通毯子的区别在于内含加热器件。电热毯的使用非常广泛，若使用不当也存在较大风险。

在使用电热毯时需要特别注意以下事项：

（1）电热毯必须平铺，放置在垫被和床单之间，不要放在棉褥下使用，以防热量传递缓慢，使局部温度过高而烧毁元件。

（2）电热毯不可折叠使用，以免热量集中，温升过高，造成局部过热。使用电热毯，不宜每天折叠，这样会影响电热线的性能。

（3）入睡前要将电热毯调至低温挡或关闭，以免睡梦中因电热毯过热而发生意外。

（4）电热毯使用完毕后，应立即断开电源拔下电源插头，以免发生火灾等意外事故。

（5）若电热毯沾上水渍应立即停止使用，要晾干或烘干后再使用。

5.2.4　微波炉

微波炉是一种用微波加热食品的现代化烹调灶具。其工作原理是利用食物在微波场中吸收微波能量而对其进行加热。微波辐射属于非电离辐射，危害较小，并且炉门关闭时微波泄漏极少，因此使用时保持一定距离即可，不必对微波辐射过于恐慌。

使用微波炉时需要注意以下事项：

（1）微波炉要放置在通风的地方，附近不要有磁性物质，以免干扰炉腔内磁场的均匀状态，使工作效率下降。还要和电视机、收音机离开一定的距离，否则会影响电视机和收音机的视听效果。

（2）炉内未放烹饪食品时，不要通电工作。否则空载运行会损坏磁控管。

（3）塑料（PP材料等明确可加热的材料除外）、漆器等不耐热的容器、镶有金银花边的瓷器、金属容器均不宜放在微波炉里加热。

（4）微波炉关掉后，不宜立即取出食物，因为此时炉内尚有余热，容易烫手。

（5）炉内应经常清洁，否则影响电器使用寿命和食物卫生情况。

5.2.5 洗衣机

洗衣机是常用的清洁电器，主要有波轮式、滚筒式、搅拌式等类型。

洗衣机的使用注意事项如下：

（1）洗衣机的电源线要放置在比较干燥的地方，千万不能让电源线处在水中，防止发生危险。

（2）洗衣机应平稳放置，否则容易产生异响。

（3）衣物放入洗衣机前要仔细检查是否夹带其他物品，否则容易对物品和洗衣机造成损害。

（4）洗衣机运行过程中，不要用手或其他物件触碰洗衣机内部，否则极易对人身造成伤害。

5.2.6 电冰箱

电冰箱是一种制冷设备，通常有冷藏箱和冷冻箱两个功能区域。冷藏箱温度一般为 0℃ ~ 8℃，冷冻箱温度一般是 -18℃。

电冰箱的使用注意事项如下：

（1）冰箱应选择远离热源、避免阳光直射、通风较好、较干燥的地方放置，以利散热。

（2）电冰箱应平稳放置，否则容易产生较大噪声。

（3）应使用专用的三孔插座供电。插线必须接地，使用中接触冰箱的金属部件有麻电感觉时应立即停止使用并请人维修。

（4）电冰箱中食物应当分区摆放，这样做利于卫生，也可防止串味。

（5）定期对电冰箱清洗消毒，因为电冰箱中存放的食物会滋生有害微生物，产生有毒的化学物质。

5.2.7 计算机

计算机的使用已经相当普及。计算机又称为电脑，个人用电脑主要分为台式电脑、笔记本电脑、平板电脑等类型。

电脑属于精密电子设备，使用电脑时应该注意以下事项：

（1）非特殊情况不要直接按电源强制关机，应先关闭运行的程序后进行关机操作，最后关闭电源，否则将对电脑尤其是硬盘产生较大损害。

（2）不要将食物、饮料放在电脑附近，一旦碎物或液体进入键盘等设备将对其造成损害。

（3）笔记本电脑和平板电脑由于结构原因尤其怕水，一旦有液体进入应当立即关闭电源，并报专人检测。不要眼见电脑暂时可正常使用而置之不顾，因为水的渗透往往会经历一段时间，而主板损坏往往是不可逆的。

（4）笔记本电脑多采用锂电池，为了延长电池使用寿命，应当尽可能用尽电池电量后再充满（即充分放电后再充满）。

节约用电小知识

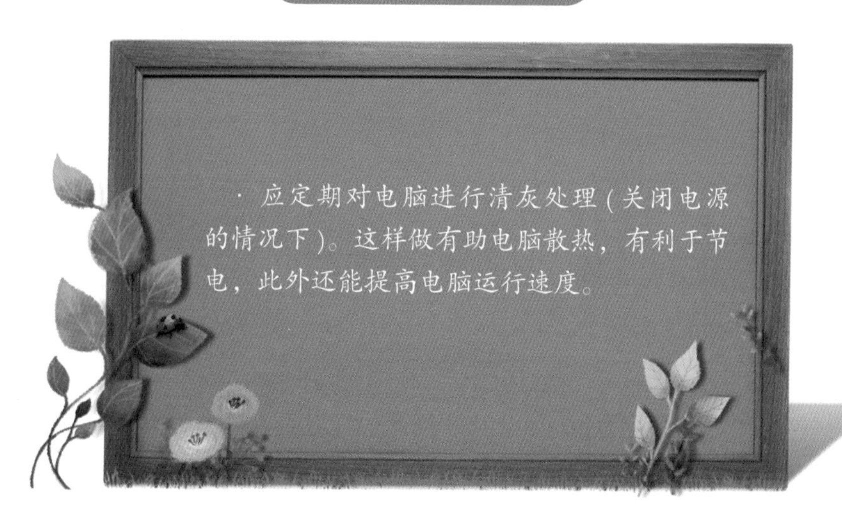

5.2.8 电视机

电视机是利用电的方法来传播光学信息的电器。电视机的类型主要有显像管电视机、液晶显示电视机、等离子电视机。

使用电视机时要注意以下事项：

（1）显像管彩色电视机怕强磁场干扰。带有磁性的物体在荧光屏前移动，会导致电视机受磁而色彩紊乱，尤其注意音箱、磁铁等不要放在电视机旁边。

（2）电视机不宜与电冰箱共用插座。因为两者启动电流很大，容易引起危险。此外它们工作时会产生电磁波相互影响，容易使彩电图像不稳，发出噪声。

（3）电视机音量不应过大。长时间在音量较大的环境中，人的听力敏感性会下降，反应会迟钝。

（4）不要用湿手触碰电视机视频音频连接线，否则易损伤电视机，对人体也容易产生危险。

（5）使用时确保电视机外壳通气孔不被遮挡。

（6）观看电视时要保持一定距离，有助获得最佳观感，也有利保护视力。

节约用电小知识

5.2.9　电风扇

电风扇有台扇、落地扇、吊扇等多种类型。在校园里较为常见的是吊扇。

使用电风扇时需要注意以下事项：

（1）用快挡启动电扇，转速正常后调慢，这样经过的电扇电流较小，可以保护电风扇。

（2）不要频繁启动电扇，否则因电机过热而影响电风扇的使用寿命。

（3）电风扇旋转时有抖动不平稳现象或有异响应当及时关停，报告专人检修。

（4）使用过程中不要用手触碰电扇，或向电扇抛掷物品，否则损害电扇同时也会有人身危险。

5.2.10 照明设备

学校多采用荧光灯（日光灯）和 LED 灯作为照明设备。家庭中使用的照明设备种类则更为广泛。

虽然照明设备使用相对安全，但也要注意以下事项：

（1）不要频繁开关照明设备，否则会损害灯管寿命。

（2）荧光灯频繁闪烁应关闭并报告专人检修。

（3）灯管两端发亮而中间不亮时，应立即关闭，报告专人检修。

（4）不要用手触摸或试图清洁使用中的照明设备。

下面给出了几个用电场景，他们的做法对吗？

1. 小明欲打开空调，但发现空调专用插座太高够不着，于是顺手将插头插入其他插座中。（　）

2. 天气炎热，小江想打开电风扇，但想起要节约用电，于是把开关调到慢挡，待风扇运行一段时间后再调快。（　）

3. 今天小高做值日生，放学打扫完教室正准备关灯离开，忽然发现教室日光灯上都是灰尘，好心的他立马用抹布去擦拭。（　）

答案：1.（×）　2.（×）　3.（×）。

理由请在本书中查找，要仔细阅读哦！

第3篇

急救指导

第 6 课　用电事故

社会的发展让每个人都有越来越多的机会接触电。我们在享受电给予便利的同时，也不能忘记电给我们带来的安全风险。我们希望每个人都遵守用电规范，预防用电事故的发生。但百密难免一疏，一旦发生用电事故，我们要积极采取行动来应对，尽可能减小损失。为此，我们要了解不同用电事故的起因及其危害，为应对危险做好准备。

6.1　人身触电

触电事故指的是人体接触带电导线、漏电电器等而使电流通过身体，致使人体组织损伤、功能障碍甚至死亡的危险事故。下面我们就从触电的原因、触电的常见情形、触电的后果三方面来了解一下常见的触电事故。

6.1.1　触电的原因

触电，即接触电流，更确切地说是人体中有电流经过。我们可以类比水流，水流是水的流动形成的，电流是自由电荷流动形成的。不同的是，水流看得见摸得着，而电流看不见摸不着，因此电流更加危险但却更容易让人放松警惕。

一旦人体的不同部位存在电压，电流就会经过人体，造成触电。这种电流超过一定的限度，就会对人体造成损害，甚至使人死亡。

6.1.2 触电的情形

人体的触电情形主要有以下几种。

（1）人体某一部分接触带电体，另一部分与大地相连而造成的触电（专业术语称为单相触电）。

（2）人体的两个部位同时触及电源的两根相线造成触电（专业术语称为两相触电）。要注意的是，这时人体承受的是380V的线电压，因此两相触电的危险性一般单相触电更大。

（3）跨步电压触电。当高压线断落触地，或电气设备壳体漏电入地，都会在地面上形成电位分布。若人在接地点周围行走，两脚之间就会产生跨步电压。由跨步电压引起的人体触电，称为跨步电压触电。简单来说，高压线落地，我们即使不接触电线，站在附近就有触电危险，所以要尽可能远离20米以上！

（4）接触电压触电。正常情况下，电气设备金属外壳不带电，但由于绝缘损坏等原因，金属外壳可能会带电。人的不同部位如手脚等同时接触漏电设备外壳和地面，就会引发触电。

（5）人体与带电体距离过近导致触电。当人体与高压带电体距离过近时，虽然人体没有直接接触带电体，但空气可能被击穿，带电体将会对人体放电，并在人体与带电体之间产生电弧，导致触电。

6.1.3 触电的后果

触电时，按照电流对人体的伤害类型可以分为电伤和电击。

（1）电伤：电伤指的是电对人体外表造成的局部伤害。电伤是比较浅表的触电伤害，但仍然可能会给人带来严重后果。

（2）电击：电伤指的是由于电流经过人体内部造成的器官的伤害。电击后果相比电伤更为严重，容易对人的呼吸系统、血液循环系统、中枢神经系统造成重大损伤，使人休克乃至死亡。

触电时的危险程度主要与通过人体电流的大小、电流作用时间长短、电流通过人体的路径有关。此外，触电者体质等因素也会对危险程度产生影响。

不同电流情况下人的反应

电流大小（毫安）	人体反应
0.6～1.5	手指开始感觉发麻
2～3	手指感觉强烈发麻
5～7	手指肌肉感觉痉挛，手指有灼热感和刺痛感
8～10	手指关节与手掌感觉痛，难以但尚能摆脱电源，灼热感增加
20～25	手指感觉剧痛，迅速麻痹，不能摆脱电源，呼吸困难，灼热感更强
50～80	呼吸麻痹，心房开始震颤、强烈灼痛，手的肌肉痉挛，呼吸困难
90～100	呼吸麻痹，持续3秒或更长时间后，心脏麻痹或心房停止跳动

一般认为，人体的安全电压为不高于36伏，安全电流为不高于10毫安。但这一数值不是绝对的，因为人长时间持续接触电流也会造成损伤。所以，我们不能因为电压和电流小就忽视了它们的危险性哦！

6.2 电气火灾

电气火灾一般是指由于电气线路、用电设备（器具）以及供配电设备出现故障，释放热能引燃本体或其他可燃物而造成的火灾，也包括由雷电和静电引起的火灾。电气火灾具有很强的社会危害性，对人身和财产安全都是重大威胁，下面我们简要介绍一下电气火灾的主要原因和危害。

6.2.1 电气火灾的主要原因

导致电气火灾的主要原因是电气设备过热，电火花和电弧引燃易燃物。电气设备过热的主要原因有：

（1）短路：绝缘层老化或是外力破坏可能使导线直接暴露，此时裸露的导线互相触碰就很有可能发生短路，使得电流成倍增加，最终引起燃烧。

（2）导线过负荷：导线中电流过大而造成导线过负荷，也可能会引起导线绝缘层燃烧而引发火灾。

（3）接触不良：导线与导线间，导线与设备连接处，由于接触不良导致局部电阻升高，使得接触点过热。这就有可能导致金属熔化，绝缘层破坏，点燃易燃物引起火灾。

电火花和电弧在生活中并不鲜见，如插拔插头时可能会产生电火花和电弧。电火花和电弧温度很高，容易引起周边易燃物燃烧甚至引发爆炸，造成灾难。

6.2.2　电气火灾的危害

电气火灾相比触电事故，影响范围更大。一旦火灾蔓延，将导致大量财产损失，人员伤亡。

电气火灾不同于一般火灾的特点是：电气设备着火后仍可能带电，如未切断电源，则救火时不能用水，否则救火不慎容易触电；变压器等受热燃烧后容易造成喷油甚至爆炸，引起更为严重的后果。

我们常能看不同颜色的闪电，那么电流究竟有没有颜色?

闪电击穿空气时，空气瞬间受热会让人看到不同颜色的光，但电流本身是没有颜色的。我们看到的不同颜色的闪电，是电流运动时产生的一系列现象引起的。

需要注意的是，电实质上仍是看不见摸不着的，在生活中人一旦触电不会发出蓝光，不要被电影、动画中的场景所误导!

第7课 急救方法

一旦发生用电事故，要尽可能保持冷静，采用科学合理的方法来应对。下面介绍人身触电急救和电气火灾急救的方法，希望大家能够掌握相关知识，提升应对危险的能力。

7.1 人身触电急救

7.1.1 原则

触电现场的情况是复杂的，针对不同情景要采用不同的应对方法，但是急救的指导思想是相同的。根据经验，触电急救的原则可以归纳为：迅速脱离电源、就地急救处理、准确判断状态、坚持持续救治。施救时应牢记这四个原则，这对提高急救成功率具有重要意义。

1. 迅速脱离电源原则

迅速指的是迅速采取行动，使触电者脱离电源。由于触电伤害与电流作用时间相关，快速使触电者脱离电源对救助伤者非常重要。

如果电源开关离救护人员很近，应立即拉掉开关切断电源；当电源开关离救护人员较远时，可用绝缘手套或木棒将触电人员与电源分离。如导线搭在触电者的身上或压在身下时，可用干燥木棍及其它绝缘物体将电源线挑开。

千万要注意：迅速并不意味着鲁莽，如果徒手或用导体接触触电者，将很可能引起连锁触电。

2. 就地急救处理原则

就地急救处理指的是在现场附近进行就地急救处理。当触电者脱离电源后，尽快进行就地抢救。只有在现场对施救者的安全有威胁时，才需要把触电者转移到安全地方再进行抢救，但不能等到把触电者长途送往医院再进行抢救，以免延误最佳抢救时间。在就地抢救同时，可同时拨打 120 急救电话。

3. 准确判断状态原则

准确判断状态指的是准确判断伤者的意识状态。在使伤者脱离电源后，要准确判断其受伤程度，根据具体情况进行人工呼吸和胸外按压。如果触电者神志清醒，仅心慌、四肢麻木或者一度昏迷还没有失去知觉，应让他安静休息。

4. 坚持持续救治原则

坚持持续救治指的是坚持对伤员进行不间断抢救，即使只有百分之一的希望也要尽百分之百的努力。触电者失去知觉后进行抢救，有时需要很长时间，期间需要持续抢救。当触电者面色好转，心跳和呼吸逐渐恢复正常时，方能暂停抢救。

7.1.2 切断电源的方法

如果发生220伏家庭电压触电事故，可采用以下方法切断电源：

（1）就近关闭电源开关，拔出插头。

（2）用带有绝缘柄的利器切断电源线。

（3）找不到开关或插头时，可用干燥的木棒、竹杆等绝缘体将导线拨开，使触电者脱离电源。

（4）可用干燥的木板垫在触电者的身体下面，使其与地绝缘。

注意：

不要试图徒手拉开触电者！用木棒或竹竿（绝缘物）！切断电源！拨开导线！

如果发生高压触电事故，不可鲁莽靠近，因为一般绝缘物品不能保证施救者安全。可采用以下方法帮助救援：

（1）立即打电力客服电话 95598 通知供电部门停电。

（2）通知专业人员施救。

注意：

如果高压导线触地，要与断线处保持 20 米以上的距离，以防跨步电压伤人。

7.1.3　施救伤者的方法

1. 转移触电者并作检查

触电者脱离电源后，可将触电者就近转移到近通风、凉爽处，使其仰面躺在地上并松开其领口。注意不要将触电者转移太远，以免耽误救助时机。

先要检查触电者受伤情况，重点判断伤者意识是否清醒。可采用拍打肩膀或呼喊方式，如询问“你怎么啦”“你感觉怎么样”，观察其有无反应。若触电者意识清醒，应让其平躺休息并注意观察。若触电者失去意识，应采取进一步急救措施，同时设法拨打120急救电话。

注意：

就近转移，呼叫，并拨打120。

2. 呼吸检查和心跳检查

若触电者失去意识，畅通伤者呼吸道，观察触电者是否有呼吸和心脏跳动。

判断触电者是否有呼吸，可以观察伤者胸腹部是否有上下起伏，鼻腔或口腔有无气流声。如果触电者没有呼吸，应采用人工呼吸法救治。

判断伤者心脏是否跳动，可以观察伤者颈动脉是否有搏动。颈动脉位于颈部气管和邻近肌肉带的沟内，心脏有跳动时搏动明显。一旦触电者心脏停止跳动，应当继续实行救治措施，采用心肺复苏法救治。

注意：

看看有无呼吸和心跳！ 若都无就要采取心肺复苏。

3. 心肺复苏法

在触电事故中，受伤严重者中往往呼吸、心跳均停止。此时应当立即采用心肺复苏法进行救治。心肺复苏法的基本方法是畅通气道、人工呼吸和胸外按压。

（1）畅通呼吸道。畅通呼吸道指的是确保伤者呼吸道通畅，没有异物阻碍呼吸。具体方法是：清理伤者口腔内异物；一手放在伤者前额，另一手将伤者下颌骨向上抬起，使头部微后仰。

（2）人工呼吸。人工呼吸指的是采用人工的方法为伤者供氧，帮助伤员恢复自主呼吸。具体做法是：救护者一手放在伤员前额，另一只手的拇指、食指捏紧伤者的鼻翼，吸一口气，用双唇包严伤病员口唇，缓慢持续地将气体吹入。吹气时间为 1 秒钟以上，当患者呼气完后，再开始下一次同样的吹气。

如果伤者口腔有外伤或其他原因导致口腔不能打开时，可采用口对鼻吹气，其操作方法是：深吸一口气，用口包住患者鼻部，用力向患者鼻孔内吹气。如吹气有效，可见到患者的胸部随吹气而起伏，并能感觉到气流呼出。

一般成人吹气频率为 12 次 / 分钟，儿童 15 次 / 分钟。每次呼气要持续 1 ～ 2 秒钟，让气体完全排出后再重新吹气，直至患者恢复复苏成功，或医生作出其他判断。

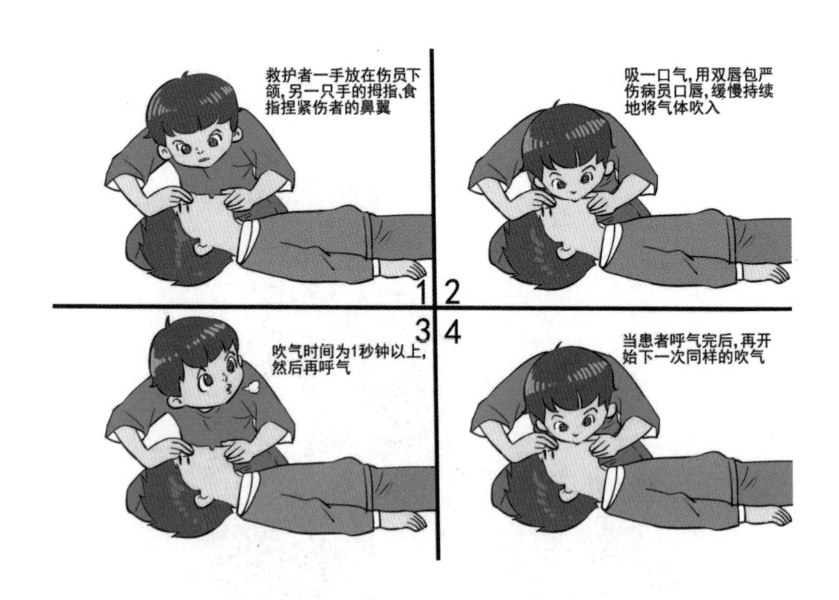

（3）胸外按压。进行胸外按压时，伤者应保持仰卧的姿势，抢救者应紧靠患者胸部一侧，尽量保证垂直按压胸骨，抢救者可根据患者所处位置的高低采用跪式或用脚凳等不同体位；抢救者一手掌根部放于患者胸骨中、下 1/3 处，另一手重叠于上，两臂伸直，依靠术者身体重力向脊柱方向作垂直而有节律的按压。按压时用力须适度，不要太轻，每次按压尽量使胸骨向下压陷 4 ～ 5 厘米（儿童 3 厘米），随后放松，使胸骨复原，再重复同样的操作。

注意：

双手重叠按压胸骨中、下 1/3 处，垂直，按压要有力！

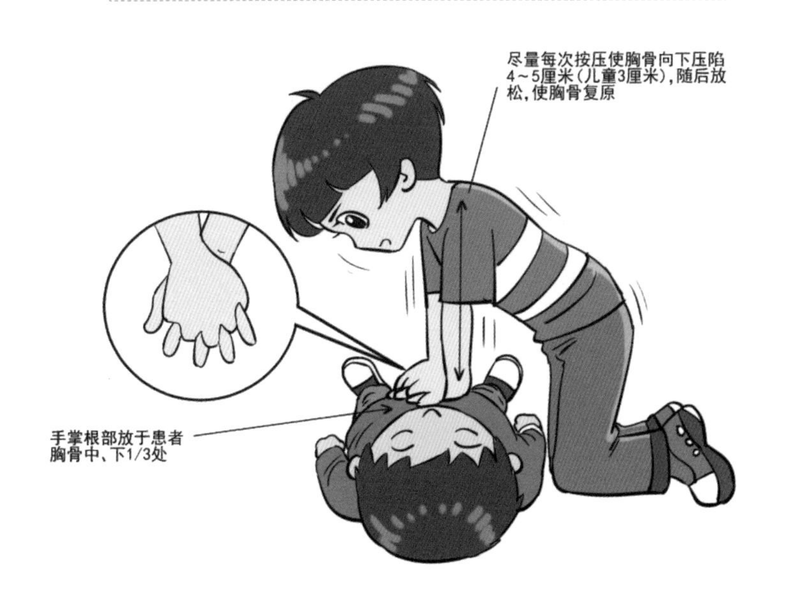

胸外按压和人工呼吸的比例保持在 30:2 左右，即每按压 30 次后吹气 2 次，反复进行。对于非专业救治者来说，在实际操作过程中无需对按压动作和间隔是否标准过于纠结，只需保持持续、快速、有力按压就行了。

知识链接

2010 年，美国心脏学会 (AHA) 对心肺复苏指南进行修订时引入了“只需胸外按压的心肺复苏”理念。研究表明，只进行胸外按压的心肺复苏对于救治伤员也有很显著的效果。因此，如果对人工呼吸有顾虑，只进行胸外按压也是非常有效的救治手段。

7.2 电气火灾急救

发生电气火灾之时，要尽量保持镇静，注意观察火势。如果火势较小，可以灭火则采取措施灭火，如果没把握灭火，则应尽快逃生并拨打 119 火警电话。具体来说，可以按照以下步骤来应对。

1. 立即切断电源

火灾发生时，若有能力应立即切断电源，这样灭火和逃生之时就减少了触电危险。如果自身能力所限无法切断电源，应联系电力部门断电。

2. 灭火

如果火势较小，可以采用灭火器灭火。如果是电器着火，可以用毛毯、棉被等物品灭火。

要注意的是，如果一时无法断电，应采用不导电的灭火剂灭火，不可以用直射水流和泡沫灭火。

常用的电气火灾灭火器有：二氧化碳灭火器、干粉灭火器、四氯化碳灭火器。灭火器的使用方法是：拔出保险销，再压下压把（或旋动阀门），将喷口对准火焰根部灭火。

3. 逃生

如果不能及时灭火，要立马逃生，生命是第一位的。逃生时要注意：

（1）逃生时应选择合理路线，通常走安全通道，不能乘坐电梯。

（2）远离电器和电力设备，谨防触电。

（3）逃生前，把毛巾用水浸湿，折叠三层或四层，捂住口鼻，采取匍匐或弯腰的姿势，逆风向逃生。如果火势较大，则应把棉被、厚衣服等浸湿，披在身上，冲出火场。

（4）不到万不得已不要采取跳楼方式逃生（尤其是四楼以上），不得不跳时也要尽量利用绳索等以增加安全落地几率。

注意：

先断电后灭火，灭不了火就逃生，要尽量让自己保持冷静！

下面给出了几个事故现场场景，他们的做法有问题吗？

1. 小明看见身旁有人触电，在切断电源后，立马拨打 120 并在原地耐心等候。（　）

2. 小江发现家中电视机着火，想到家中备有泡沫灭火器，立马拿来准备灭火。（　）

3. 杰杰发现他的同学倒在断落的高压线旁，面色苍白，疑似触电。于是他小心谨慎地走到他身旁，准备施救。（　）

答案：1.（×）　2.（×）　3.（×）

理由请在本书中查找，要仔细阅读哦！

第 4 篇

故事案例

故事一　私自拆修电器设备

安全启示

（1）电器设备坏了，若无把握应找专人检修，不要因为害怕被指责而私自拆卸电器。

（2）即使特殊情况下需要检修电器设备，如更换电灯泡等，也要先断电，不可带电操作。

（3）一个插线板上不能同时插多个电器，电冰箱、空调等大功率电器应使用专用插座。

（4）电器着火后尽可能断开电源，采用盖土、盖沙、盖被或干粉灭火器等灭火措施，千万不能用水灭火。

真实案例 家修电器触电事件

44 岁的石先生是远近闻名的壮汉，但他却在修电器时遭遇电击致使肌肉骨骼严重损伤。

当日，他在家里修理电器，在调试时右手不慎触摸到裸露的电线，顿时他感觉手一麻、浑身发紧，怎么都移不开摸到电线的手，接着大脑就开始出现空白。石先生的妻子闻讯赶来，发现丈夫站着不停抖动，连忙捡起一根木棍把电线打掉。摆脱电线的石先生立刻瘫软在地。

经医院检查，石先生的肌肉和骨骼受到严重损伤，其中右肩胛骨粉碎性骨折。外科医生说，触电后肌肉会出现强烈收缩，可导致关节脱位甚至骨折。而肩胛骨周围肌肉丰满，肌肉持续收缩产生强大力量牵拉肩胛骨，最终造成骨折。

故事二　宿舍违章用电

食堂人太多了，
我们买个电饭锅
在宿舍做饭吃吧！
食堂

宿舍用电饭煲
会违章的！
没事的，家里
不是一样用吗？

两人在宿舍煮饭。

真好吃！
嗯嗯！

突然冒出浓烟，
发生了火灾……

两人慌乱中跳楼逃生，结果双双重伤……

安全启示

（1）学校宿舍不同于一般家庭，有着人员密度大、电线载流量有限，可燃物多等特点，因此宿舍用电有专门的规章制度来约束是合理的，我们应当严格遵守。

（2）学校根据自身环境条件等，会规定违章使用电器的种类，通常为大功率电器和存在其他明显安全隐患的电器。我们不能因为自己使用方便就无视规定，要自觉遵守并配合检查。如果生活上确有不便可以向校方反映。

（3）火灾发生时不可慌乱，要根据现场情况选择合理路线，逆风逃生，不到万不得已不可选择跳楼逃生。

真实案例 上海某学院宿舍火灾事件

上海某学院曾发生一起严重的宿舍火灾事件。当日，学生宿舍楼 602 室 4 名女学生因火灾逃生分别从阳台跳下，不幸当场遇难。

据上海消防部门勘查，这次事故是学生违反学校规章使用“热得快”引起的。上海某学院 602 宿舍某同学前一天晚上使用了“热得快”烧水，但在 22:30 左右宿舍突然断电，该同学忘记“热得快”还插在电源插座上就上床睡觉了。早上 6:00 左右宿舍又来电了，此时她们还在睡梦中，插在电源插座上的“热得快”很快把剩下的水烧干，引起电热丝过热，最终引燃了周边易燃物，导致了火灾的发生。

此外，几位同学面对火灾，缺乏逃生知识，慌不择路，也是导致悲剧发生的重要原因。她们没有合理利用宿舍结构，盲目选择跳楼逃生，最终发生身亡惨剧。

故事三 雷雨天气使用电器、电子设备

安全启示

（1）感应雷电入侵有 4 个途径：供电线、电话线、有线电视线、住房的外墙或柱子，要注意远离。

（2）如遇雷雨，不要用固定电话、看电视、玩电脑，应拔掉电视机电源和室外天线插头。

（3）户外活动遇到雷雨时，不要站在大树、烟囱、尖塔、电线杆等底下，也不要站在山顶上，因为高耸、凸出的物体容易遭受雷击。

真实案例　广州老伯雷雨天接电话被电击伤事件

广州曾发生一起雷雨天使用电子设备导致人身伤害的事件。

6月的一个下午，广州电闪雷鸣，大雨滂沱，家住白云区太和镇的许老伯与一个朋友在电话中聊天。突然，一道白亮闪电过后随即响起“轰轰”雷声，许老伯感到电话像是被吸附在左耳和左脸一样，使劲扯也扯不掉，这样持续了约两分钟。许老伯意识到是被电击伤，于是大声喊叫起来，家人闻声赶出来时，许老伯已倒在地上四肢不停地抽动，左耳道流血不止。被家人扶起后，许老伯还感到左半侧身体麻木，头晕目眩，“觉得家里的房子、家具都在旋转。”同时还出现了恶心呕吐症状。

家人立即将他送到医院急诊科，经过检查发现，许老伯左耳鼓膜穿孔，心电图显示也有异常，所幸的是并无生命危险。

故事四　电线附近放风筝

安全启示

（1）在户外玩耍时，不要在高压线附近放风筝和钓鱼。《电力设施保护条例》明确规定，任何单位或个人不得在架空电力线路导线两侧各300米的区域内放风筝。我们都要遵守规定哦！

（2）不要用石块或弹弓打电线、绝缘子上的鸟，以防打伤、打断电线或打坏绝缘子。

（3）不要靠近电动机和变压器，不要爬电杆或摇晃电杆拉线。

（4）万一风筝落在电线上，不要采取强拉硬拽，也不能用竹竿等东西去挑或自己爬上电线杆去拿。应及时拨打95598供电服务热线，由专业人员帮助清除。

（5）不要在电线上面搭挂、晾晒衣物。

（6）要远离破损的、掉下来的电线，不能碰触。

真实案例 放风筝导致爆燃事件

天津市近期曾发生放风筝导致爆燃的事件。当日在海河东路与狮子林大街交汇口的一处绿地，一名刘姓男子在放风筝时，因操作不慎将风筝坠落在电线杆上，造成电线短路引发爆燃。

此次火灾事故不仅烧毁了电气设备，还导致附近居民用电中断，使生产生活受到影响。

故事五　电器用完未及时断电

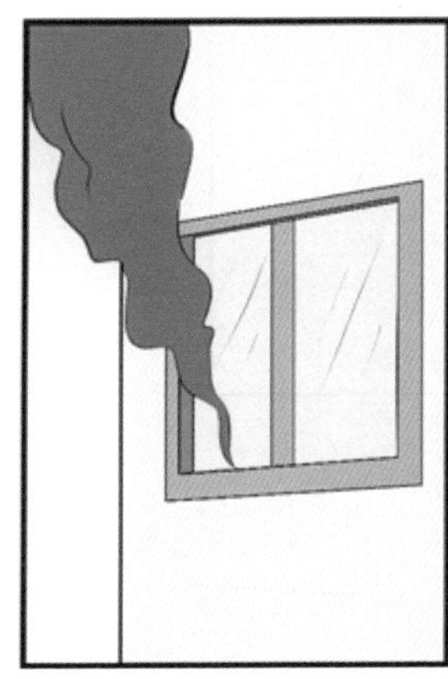

安全启示

（1）避免在潮湿、弥漫水蒸气的浴室中使用电吹风。

（2）不要长时间使用电吹风、电暖炉，也不要将它们堆放在家具、报纸杂志处，以免引燃周围易燃物品。另外要注意，使用时也要远离电源插座，以防电线被烘烤导致老化！

（3）电器使用完毕后，或使用中临时有事走开，应拔掉电源插头。睡觉前或离家时要切断电器电源。

知识链接

智能家电系统是利用计算机技术、网络通信技术、智能云端控制技术等来实现对家电管理的一种智能化系统。通过该系统，我们可以通过手机、电脑等设备实时了解家中电器的使用情况，并且可以远程控制电器运行，进行断电等操作。

智能家电系统一旦普及，将有助于提升我们的用电体验，还能在很大程度上提升电器使用的安全性，便于我们管理好家用电器。

真实案例 南京某大学火灾事件

南京某大学宿舍近期发生一起电气火灾。经过调查，火灾是因正在充电的设备电气故障引发。

当日晚饭时间，王同学将航模锂电池放在宿舍充电，由于自身疏忽，未拔下充电插头就去了教研室学习，造成了火灾的发生。由于发现得早，所幸此次火灾只造成一台空调、一个床铺和一台电脑显示器被烧毁，无人员伤亡和其他重大财产损失。

专家介绍，虽然有些电器具有自动停止功能，但只要不关闭电源开关，机器的电源部分就处于工作状态并散发热量，当通风不良、热量积聚到一定程度时，就可能烧毁绝缘层形成短路，从而引发火灾。

故事六 玩耍电源插座

小白和同伴在家拼汽车模型。

正缺个零件，一看原来在插座上。

小白顺手就去拿，不料触电了。

同伴忙伸手拉他，结果一起……

两人被电得不省人事……

幸好妈妈看到了，立马用木棍将两人与电源分开，并拨打 120。

安全启示

（1）不要用手、金属物或铅笔芯等东西去拨弄开关，也不要把它们插到插座孔里。

（2）不要在插座附近喝水或饮料，以免水或饮料洒到插孔里，造成电器短路，引发着火。

（3）不要用湿手触摸电器开关、电源接口和插座，更不能用湿布擦拭电器。

（4）看到小伙伴触电千万不要直接上手把人拉开，要穿上绝缘胶鞋，或带上绝缘手套，或站在干燥的木板上，用干燥的木棍、竹竿等去挑开触电者身上的电线，也可直接切断电源（拔插座、拉闸）。

（5）如果发生触电，马上拨打 120 急救电话，并采取急救措施。

知识链接

安全插座保护盖是一种安插在闲置电源插孔上的一种保护型装置，可以有效防止接触插座插孔导致的触电伤害。

市售的安全插座保护盖样式丰富，既可起到装饰的作用，又可以起到防止触电的作用，是一种非常实用的居家小工具。

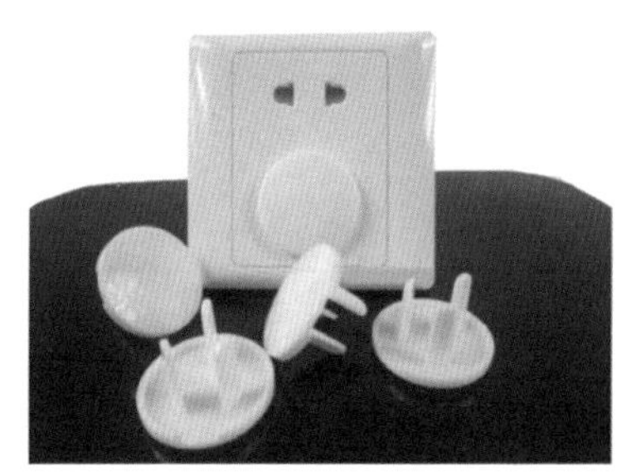

安全插座保护盖

真实案例 宁波女童插座触电身亡事件

宁波曾发生一起女童插座触电身亡事件，事故中身亡女童阿香(化名)年仅3岁。当日，女童的父母在外打工，阿香和弟弟由爷爷在家中代为照看。午饭后，爷爷就抱着小孙子到家门口散步，留下阿香和邻居家的同龄女孩在屋内玩耍，没多久就听到屋里传来一声尖叫，爷爷赶紧抱着孙子冲进屋里，却只见阿香直挺挺地躺在地上，手里握着一把铜钥匙。

经邻居家的女孩指认，当时阿香拿着铜钥匙玩耍，看到地上有接线板，就把钥匙插入通电的接线板中，瞬间触电身亡。